QUATRIÈME MÉMOIRE

SUR

LA THÉORIE DES NOMBRES,

PAR M. F. LANDRY,

LICENCIÉ ÈS SCIENCES MATHÉMATIQUES.

Février 1855.

THÉORÈME DE FERMAT.

RECHERCHES NOUVELLES. — PREMIÈRE PARTIE. — LIVRE DEUXIÈME.

PARIS,

LIBRAIRIE DE L. HACHETTE ET CIE,

RUE PIERRE-SARRAZIN, N° 14.

(Près de l'École de médecine).

1855.

ERRATA DU TROISIÈME MÉMOIRE.

PAGES.	LIGNES.	FAUTES.	CORRECTIONS.
3	2	qui nous paraît simplifier cette recherche;	qui nous paraît en simplifier la recherche;
4	25	*primitive* de x^u	*primitive* de x^u
7	1	premiers impairs	premiers *impairs*
20	2	la relation de $x^{\frac{p-1}{2}}+1$	la relation $x^{\frac{p-1}{2}}+1$
21	15	diviser $x^{\frac{p-1}{2}}+1$ par	diviser $x^{\frac{p-1}{2}}+1$ par
24	21	dans *l'Algèbre* de M. Cirodde	dans *l'Arithmétique* de M. Cirodde
24	23	M. Liouville. Nous ne croyons pas devoir.....	M. Liouville. Enfin elle se trouve encore dans l'introduction de la *Théorie des nombres* de Legendre, pages 7 et 8. Nous ne croyons cependant pas devoir...

Le troisième et dernier livre de la première partie des *Recherches nouvelles sur le théorème de Fermat* paraîtra prochainement.

THÉORÈME DE FERMAT.

RECHERCHES NOUVELLES. PREMIÈRE PARTIE. LIVRE SECOND.

Nous avons consacré un premier livre à faire voir comment les relations de la forme $\varepsilon^x + \varepsilon^y + \varepsilon^z \equiv 0$, $\varepsilon^x + \varepsilon^y \equiv \varepsilon^z$ peuvent se ramener à la forme $1 + \varepsilon + \varepsilon^z \equiv 0$, $1 + \varepsilon \equiv \varepsilon^z$; et nous avons essayé de circonscrire le champ des examens auxquels il faut soumettre ces dernières pour en vérifier l'impossibilité. Au début de ces transformations, il nous a fallu réserver, après la division par ε^y qui conduit aux formes $1 + \varepsilon^x + \varepsilon^z \equiv 0$, $1 + \varepsilon^x \equiv \varepsilon^z$, le double cas de $x = 0$ et de $x = \varphi$, pour lesquels les relations proposées deviennent $\varepsilon^z \equiv -2$, $2 \equiv \varepsilon^z$, et donnent par conséquent $2^\varphi \equiv \pm 1$. Il va être démontré qu'un pareil résultat est généralement impossible, et qu'il ne saurait avoir lieu dans les divers cas particuliers de $\varphi = 5$, $\varphi = 7$, $\varphi = 13$, $\varphi = 17$, $\varphi = 19$, sauf à excepter un nombre déterminé de valeurs θ qui échappent à notre analyse. Ainsi, ces facteurs θ exceptés, il ne restera aucune objection au système de transformation qui sert de base à notre théorie.

Ce second livre a pour objet l'impossibilité, relativement à θ, des relations $1 + \varepsilon + \varepsilon^z \equiv 0$, $1 + \varepsilon \equiv \varepsilon^z$, pour certaines valeurs particulières de z, φ étant un nombre *premier* quelconque plus grand que 3.

Nous rappelons que, dans toutes ces propositions, n est un nombre *premier* plus grand que 2; que θ est un nombre *premier* de la forme $2k\varphi n + 1$; et que ε est une racine de $x^\varphi \equiv 1$, autre que l'unité.

PREMIER PRINCIPE.

Impossibilité des deux relations $1+\varepsilon+\varepsilon^2 \equiv 0$, $1+\varepsilon \equiv \varepsilon^2$, pour $z = 1$ et pour $z = \varphi$.

La relation $1+\varepsilon \equiv \varepsilon^2$ devient $1 \equiv 0$ pour $z = 1$ et pour $z = \varphi$; mais la relation $1+\varepsilon+\varepsilon^2 \equiv 0$ devient, pour les mêmes valeurs, $2^\varphi \equiv -1$. Il n'y a donc de difficulté que pour celle-ci, et, à cause du double cas réservé au premier principe du livre premier, page 5, nous allons examiner cette double forme $2^\varphi \equiv \pm 1$.

L'impossibilité de cette relation a été démontrée pour $\varphi = 5$ et pour $\varphi = 7$, aux pages 4 et 6 de notre premier mémoire. Elle n'admet aucune exception pour n plus grand que 3, et, même dans le cas de $n = 3$, il n'y a d'exception que pour trois facteurs θ, savoir 31, 43 et 127.

Pour $\varphi = 11$, on trouve $2048 \pm 1 \equiv 0$; or $2049 = 3.683$, et 683, qui est *premier* et égal à $2.11.31+1$, ne peut être de la forme $2k\varphi n+1$, à moins que l'on ait $kn = 31$. Quant à 2047 qui est égal à 23.89, ses diviseurs *premiers* ne peuvent avoir la forme $2k\varphi n+1$, dans le cas de $\varphi = 11$, que si on pose $kn = 1$ ou $kn = 4$. L'impossibilité est donc manifeste, puisque n est plus grand que 2, excepté pour un seul facteur θ, savoir 683, dans le cas $n = 31$.

Pour $\varphi = 13$, on trouve $8192 \pm 1 \equiv 0$; mais $8193 = 3.2731$, et 2731, qui est *premier*, est égal à $2.3.5.7.13+1$: il ne saurait par conséquent être de la forme $2k\varphi n+1$, pour $\varphi = 13$, que si on suppose $kn = 3.5.7$. Quant à 8191 qui est *premier* et égal à $2.3.3.5.7.13+1$, il ne saurait être de la forme $2k\varphi n+1$ pour $\varphi = 13$, que si on suppose $kn = 3.3.5.7$. L'absurdité est donc évidente pour n plus grand que 7; et, même pour chacun des cas $n = 3$, $n = 5$, $n = 7$, il n'y a que deux facteurs θ pour lesquels l'absurdité ne se trouve pas acquise, 2731 et 8191.

Pour $\varphi = 17$, on trouve $131072 \pm 1 \equiv 0$; mais 131073 est égal à 3.43691, et 43691, qui est *premier* et égal à $2.5.17.257+1$, ne saurait être de la forme $2k\varphi n+1$ pour $\varphi = 17$, que si l'on a $kn = 5.257$. Quant à 131071 qui est *premier*, il est égal à $2.3.5.17.257+1$: en conséquence, pour qu'il fût de la forme $2k\varphi n+1$, dans l'hypothèse de $\varphi = 17$, il faudrait que l'on eût $kn = 3.5.257$. Ainsi, dans le cas particulier de $n = 3$, il n'existe qu'un facteur θ que l'évidence n'atteint pas, savoir 131071; dans celui de $n = 5$ et dans celui de $n = 257$, il y en a deux, 43691 et 131071.

Examinons encore le cas de $\varphi = 19$: on trouve $524288 \pm 1 \equiv 0$. Or $524289 = 3.174763$, et 174763, qui est *premier*, est égal à $2.3.3.7.19.73 + 1$, de sorte qu'il ne pourrait être de la forme $2k\varphi n + 1$ pour $\varphi = 19$, que si on supposait $kn = 3.3.7.73$. Quant à 524287 qui est *premier*, il est égal à $2.3.3.3.7.19.73 + 1$, et ne peut être de la forme $2k\varphi n + 1$ pour $\varphi = 19$, que si l'on a $kn = 3.3.3.7.73$. En conséquence, dans chacun des cas $n = 3$, $n = 7$, $n = 73$, il y a deux facteurs θ qui resteraient exceptés, 174763 et 524287 (*).

On peut continuer pour les valeurs de φ au delà de 19, et il est clair que, si, pour une valeur donnée de φ, on décompose $2^\varphi \pm 1$ en ses facteurs *premiers*, la décomposition fera connaître les quelques facteurs θ pour lesquels on ne peut rien conclure, dans le cas de certaines valeurs déterminées de n; et qu'en même temps le théorème se trouvera démontré non-seulement pour toutes les autres valeurs de n, sans exception d'aucun facteur θ, mais même pour ces valeurs déterminées de n, sauf à excepter les quelques facteurs donnés par la décomposition (**).

(*) On peut facilement procéder à la vérification des nombres *premiers* que nous avons déclarés tels, parce que les nombres de la forme $\frac{2^\varphi + 1}{2 + 1}$, et ceux de la forme $\frac{2^\varphi - 1}{2 - 1}$ n'admettent pour diviseurs *premiers* que des facteurs de la forme $2m\varphi + 1$; or il suffit d'essayer ces derniers jusqu'à la racine carrée du nombre que l'on considère. Les nombres à essayer comme diviseurs sont :

pour 683, 23;
pour 2731, aucun;
pour 8191, 53, 79;
pour 43691, 103, 137;
pour 131071, 103, 137, 239, 307;
pour 174763, 191, 229;
pour 524287, 191, 229, 419, 457, 571, 647.

(**) Voir la première note, page 19.

Dans les calculs qui viennent d'être présentés, les nombres $\frac{2^\varphi+1}{2+1}-1$, $\frac{2^\varphi-1}{2-1}-1$ sont divisibles par φ. Les nombres compris dans ces formules le seront toujours, à cause de la nature des diviseurs de $\frac{2^\varphi+1}{2+1}$ et de $\frac{2^\varphi-1}{2-1}$, qui sont tous de la forme $2m\varphi+1$, de sorte que leur produit est nécessairement de la forme $2M\varphi+1$. Mais on a pu remarquer de plus que le nombre $\frac{2^\varphi-1}{2-1}-1$ est un multiple par 3 du nombre $\frac{2^\varphi+1}{2+1}-1$: c'est ce qui résulte en effet de la double égalité

$$\frac{2^\varphi-1}{2-1}-1=\frac{2(2^{\varphi-1}-1)}{2-1},\quad \frac{2^\varphi+1}{2+1}-1=\frac{2(2^{\varphi-1}-1)}{3}.$$

On voit encore que, 2 excepté, les facteurs communs à ces deux nombres sont ceux de $\frac{2^{\varphi-1}-1}{3}$. Les formes particulières, auxquelles sont soumis les diviseurs *premiers* de cette expression, feront donc facilement découvrir ces facteurs (*).

DEUXIÈME PRINCIPE.

Impossibilité des deux relations $1+\varepsilon+\varepsilon^2\equiv 0$, $1+\varepsilon\equiv\varepsilon^2$, pour $\varepsilon=2$, $\varepsilon=\frac{\varphi+1}{2}$, $\varepsilon=\varphi-1$.

Pour la première relation $1+\varepsilon+\varepsilon^2\equiv 0$, les trois valeurs 2, $\frac{\varphi+1}{2}$, $\varphi-1$ appartiennent, suivant le troisième principe du premier livre, pages 7 et 13, à une seule et même forme $1+\varepsilon+\varepsilon^2\equiv 0$ dont l'absurdité est évidente, excepté pour $\varphi=3$, puisqu'elle donne $\varepsilon^3-1\equiv 0$.

Pour la seconde relation $1+\varepsilon\equiv\varepsilon^2$, d'après le deuxième principe du

---

(*) Voir la seconde note, pour la généralisation du principe, page 19.

premier livre, page 6, le cas de $z=\varphi-1$ dépend de celui de $z=2$; et, dans ce dernier cas, $1+\varepsilon=\varepsilon^2$ devient aisément $\varepsilon-\varepsilon^{\varphi-1}=1$. C'est sous cette forme que nous nous proposons d'examiner la possibilité de $1+\varepsilon=\varepsilon^z$ pour $z=2$ et pour $z=\varphi-1$. Quant à l'hypothèse de $z=\frac{\varphi+1}{2}$, la relation divisée par ε devient, pour cette valeur de z, $\varepsilon^{\varphi-1}-\varepsilon^{\frac{\varphi-1}{2}}+1=0$, et, par suite, $\varepsilon^{3.\frac{\varphi-1}{2}}+1=0$, résultat absurde, puisqu'il donne $2=0$ pour $\varphi=1$; $\varepsilon^3=-1$ pour $\varphi=3$; et, pour toutes les autres valeurs de φ, $\varepsilon^{3(\varphi-1)}=1$.

Reste donc la forme $\varepsilon^1-\varepsilon^{\varphi-1}=1$, dont l'examen exige quelques développements, et qui n'est qu'un cas particulier de la forme $\varepsilon^u\pm\varepsilon^{\varphi-u}=e$.

Cette relation $\varepsilon^u\pm\varepsilon^{-u}=e$, dans laquelle e représente un nombre donné, a cela de remarquable que, si on élève ses deux membres à une puissance p quelconque, elle conserve sa forme primitive, le premier membre restant un binôme en ε dont le second membre exprime la valeur numérique. En effet la loi, supposée vraie jusqu'à la puissance $p-2$, se vérifie pour la puissance p; il suffit, pour cette vérification, d'élever à cette puissance p la relation $\varepsilon^u\pm\varepsilon^{-u}=e$, et de grouper deux à deux les termes du développement qui ont les mêmes coefficients(*) : on trouve sans difficulté $\varepsilon^{pu}\pm\varepsilon^{-pu}=E$. Remarquons toutefois qu'on ne trouvera $\varepsilon^{pu}-\varepsilon^{-pu}=E$ que si p est impair, et qu'on soit parti de $\varepsilon^u-\varepsilon^{-u}=e$. Le binôme de Newton servirait donc à former les diverses relations de cette forme; mais on peut obtenir des formules plus rapides.

Considérons en effet l'identité

$$(1)\quad \varepsilon^{(p+1)u}\pm\varepsilon^{-(p+1)u}=(\varepsilon^{pu}\pm\varepsilon^{-pu})(\varepsilon^u+\varepsilon^{-u})-(\varepsilon^{(p-1)u}\pm\varepsilon^{-(p-1)u}),$$

dans laquelle il faut prendre ensemble les signes supérieurs, et ensemble les signes inférieurs; nous voyons que les termes $(\varepsilon^{pu}+\varepsilon^{-pu})$, $(\varepsilon^{pu}-\varepsilon^{-pu})$ forment deux séries *récurrentes* du second ordre, dont *l'échelle de relation* est $(\varepsilon^u+\varepsilon^{-u})$ et -1. En voici deux autres dont *l'échelle de relation* est

(*) Si p est pair, le nombre des termes du développement est impair; mais le terme, qui se trouve à égale distance des extrêmes, est numérique.

$(\varepsilon^{u}-\varepsilon^{-u})$ et 1, et dans lesquelles le second terme du binôme change alternativement de signes :

$$(2)\quad \varepsilon^{(p+1)u} \pm \varepsilon^{-(p+1)u} = (\varepsilon^{pu} \mp \varepsilon^{-pu})(\varepsilon^{u}-\varepsilon^{-u}) + (\varepsilon^{(p-1)u} \pm \varepsilon^{-(p-1)u}).$$

Si on ne veut former que les puissances paires ou les puissances impaires, on aura de même les formules

$$(3)\quad \varepsilon^{(p+2)u} \pm \varepsilon^{-(p+2)u} = (\varepsilon^{pu} \pm \varepsilon^{-pu})(\varepsilon^{2u}+\varepsilon^{-2u}) - (\varepsilon^{(p-2)u} \pm \varepsilon^{-(p-2)u}),$$

$$(4)\quad \varepsilon^{(p+2)u} \pm \varepsilon^{-(p+2)u} = (\varepsilon^{pu} \mp \varepsilon^{-pu})(\varepsilon^{2u}-\varepsilon^{-2u}) + (\varepsilon^{(p-2)u} \pm \varepsilon^{-(p-2)u})$$

qui donneront les puissances paires ou les puissances impaires, suivant qu'on substituera à p la suite des nombres pairs ou celle des nombres impairs (*).

Cela posé, formons les puissances impaires de $\varepsilon^{u}-\varepsilon^{-u} \equiv 1$, en prenant la formule (3) avec les signes inférieurs ; *l'échelle de relation* sera 3 et -1, puisqu'en carrant $\varepsilon^{u}-\varepsilon^{-u} \equiv 1$, on trouve $\varepsilon^{2u}+\varepsilon^{-2u} \equiv 3$; et, comme $\varepsilon^{u}-\varepsilon^{-u} \equiv 1$ donne directement $\varepsilon^{3u}-\varepsilon^{-3u} \equiv 4$, nous obtiendrons pour le second membre des diverses relations $\varepsilon^{pu}-\varepsilon^{-pu} \equiv E$, les valeurs numériques

1, 4, 11, 29, 76, 199, 521, 1364, 3571, 9349, 24476,....

correspondant, terme pour terme, aux puissances de ε

u, $3u$, $5u$, $7u$, $9u$, $11u$, $13u$, $15u$, $17u$, $19u$, $21u$,....

Cette série se continuerait sans difficulté. Voici maintenant son utilité pour démontrer l'impossibilité de la relation $\varepsilon^{u}-\varepsilon^{-u} \equiv 1$, et par conséquent celle de $\varepsilon^{1}-\varepsilon^{-1} \equiv 1$.

Observons d'abord qu'à cause de $\varepsilon^{\varphi} \equiv 1$, on devra avoir également $\varepsilon^{\varphi u} \equiv 1$; et, comme $\varepsilon^{-\varphi u}$ n'est autre chose que $\varepsilon^{\varphi(\varphi-u)}$, on aura de même $\varepsilon^{-\varphi u} \equiv 1$. Ainsi le premier membre de chacune des relations $\varepsilon^{pu}-\varepsilon^{-pu} \equiv E$ devient $1-1$ ou zéro, lorsque le coefficient de u dans l'exposant de ε se trouve égal à φ. La série donnera donc :

pour $\varphi = 5$, $11 \equiv 0$; pour $\varphi = 7$, $29 \equiv 0$; pour $\varphi = 11$, $199 \equiv 0$;
pour $\varphi = 13$, $521 \equiv 0$; pour $\varphi = 17$, $3571 \equiv 0$; pour $\varphi = 19$, $9349 \equiv 0$.

(*) Voir la troisième note sur l'emploi des formules et leur généralisation, page 22.

Or tous ces nombres sont *premiers*, et ils donnent :

$11 = 2.5 + 1$; $29 = 2.2.7 + 1$; $199 = 2.3.3.11 + 1$; $521 = 2.2.2.5.13 + 1$; $3571 = 2.3.5.7.17 + 1$; $9349 = 2.2.3.19.41 + 1$.

On en déduit, en omettant les cas de $n = 1$ et de $n = 2$, puisque n doit être plus grand que 2, les conséquences suivantes.

Les deux premiers nombres, qui correspondent, 11 à $\varphi = 5$, et 29 à $\varphi = 7$, ne peuvent être de la forme $2k\varphi n + 1$. Les deux suivants ne pourraient être de cette forme que dans un seul cas, savoir 199 qui se rapporte à $\varphi = 11$, pour $n = 3$; et 521 qui se rapporte à $\varphi = 13$, pour $n = 5$. Le cinquième nombre, qui correspond à $\varphi = 17$, ne peut être de la forme $2k\varphi n + 1$ que si on suppose à n l'une des valeurs 3, 5, 7 ; et, dans chacun de ces cas, un seul facteur θ resterait excepté, savoir 3571. Enfin 9349, qui appartient à l'hypothèse de $\varphi = 19$, ne saurait être de la forme $2k\varphi n + 1$ que si n avait l'une des valeurs 3 ou 41 ; et, dans chacun de ces deux cas, le théorème n'en serait pas moins vrai, quel que fût θ, un seul facteur excepté, 9349.

L'observation faite à la fin du principe précédent, nous dispense d'aller plus loin dans l'examen des valeurs de φ. Le théorème peut donc être considéré comme démontré généralement, puisque, pour chaque valeur de φ, les exceptions à faire ne comprendraient jamais qu'un nombre limité de facteurs θ relatifs à certaines valeurs déterminées de n (*).

Nous ferons, en terminant, une remarque analogue à celle qui a été faite page 6, c'est qu'en formant la puissance φ de $\varepsilon^{u} - \varepsilon^{-u} \equiv 1$, ce qui conduit à $E \equiv 0$ quand φ est impair, on trouve pour $E - 1$ un multiple de φ (**).

(*) Voir la quatrième note, page 22.

(**) On peut généraliser ainsi : Le nombre E, que l'on trouve pour $(a\varepsilon^{u})^{\varphi} + (b\varepsilon^{-u})^{\varphi}$ en formant la puissance φ de $a\varepsilon^{u} + b\varepsilon^{-u} \equiv e$, satisfait à la condition $E - e = M\varphi$. En effet, le binôme donne :

$$(a\varepsilon^{u})^{\varphi} + (b\varepsilon^{-u})^{\varphi} + m\varphi \equiv e^{\varphi}; \quad \text{donc} \quad E - e = e^{\varphi} - e - m\varphi = e(e^{\varphi - 1} - 1) - m\varphi :$$

or $e^{\varphi - 1} - 1$ est divisible par φ, φ étant *premier*.

TROISIÈME PRINCIPE.

Impossibilité de la relation $1+\varepsilon+\varepsilon^{z}\equiv 0$ pour chacune des valeurs $z=3$, $z=\varphi-2$,

$$z=\frac{m\varphi+1}{3},\quad z=\frac{m\varphi+2}{3},\quad z=\frac{\varphi-1}{2},\quad z=\frac{\varphi+3}{2}.$$

Tous ces cas se réduisent à celui de $z=3$, suivant le troisième principe du premier livre, page 7. C'est donc ce cas seulement qu'il s'agit d'examiner. Nous commencerons par exposer les principes généraux de cet examen, et nous les appliquerons ensuite aux premières valeurs de φ, à partir de $\varphi=7$, suivant ce qui a été observé à la page 13 du premier livre.

La relation $1+\varepsilon+\varepsilon^{3}\equiv 0$ peut être mise sous la forme $\varepsilon+\varepsilon^{\varphi-1}\equiv-\varepsilon^{\varphi-2}$. Formons successivement les carrés de cette relation ; nous aurons la suite

$$\varepsilon^{1}+\varepsilon^{-1}\equiv-\varepsilon^{-2};\quad \varepsilon^{2}+\varepsilon^{-2}\equiv\varepsilon^{-4}-2;\quad \varepsilon^{4}+5\varepsilon^{-4}\equiv\varepsilon^{-8}+2;$$
$$\varepsilon^{8}+21\varepsilon^{-8}\equiv\varepsilon^{-16}-6;\ \varepsilon^{16}+453\varepsilon^{-16}\equiv\varepsilon^{-32}-6;\ \varepsilon^{32}+205221\varepsilon^{-32}\equiv\varepsilon^{-64}-870;\ldots$$

On peut former une autre série du même genre. En effet, le cube de $\varepsilon^{1}+\varepsilon^{-1}\equiv-\varepsilon^{-2}$ est $\varepsilon^{3}+\varepsilon^{-3}\equiv-\varepsilon^{-6}+3\varepsilon^{-2}$; et, comme $\varepsilon^{1}+\varepsilon^{-1}+\varepsilon^{-2}\equiv 0$ donne $3+3\varepsilon^{-2}+3\varepsilon^{-3}\equiv 0$, on obtient, en éliminant $3\varepsilon^{-2}$ du résultat précédent, $\varepsilon^{3}+4\varepsilon^{-3}\equiv-\varepsilon^{-6}-3$. Si on forme alors les carrés successifs de cette dernière relation, on aura la série

$$\varepsilon^{3}+4\varepsilon^{-3}\equiv-\varepsilon^{-6}-3;\ \varepsilon^{6}+10\varepsilon^{-6}\equiv\varepsilon^{-12}+1;\ \varepsilon^{12}+98\varepsilon^{-12}\equiv\varepsilon^{-24}-19;$$
$$\varepsilon^{24}+9642\varepsilon^{-24}\equiv\varepsilon^{-48}+165;\ldots$$ (*)

Voici maintenant l'utilité de ces deux séries pour démontrer l'impossibilité de la relation $1+\varepsilon+\varepsilon^{3}\equiv 0$. La méthode est générale : elle consiste à éliminer ε entre les relations à exposants égaux que fournissent nécessairement les séries, puisque les exposants s'y reproduisent périodiquement et dans l'une et dans l'autre. Il en résulte une condition numé-

---

(*) On peut établir de pareilles séries pour toutes les relations de la forme $a\varepsilon^{u}+b\varepsilon^{-u}\equiv c\varepsilon^{2u}$. Voir la note cinquième, page 25.

rique qui démontre le principe, sauf l'exception possible d'un nombre limité de facteurs θ relatifs à certaines valeurs déterminées de n (*). Lorsque l'on peut trouver deux conditions numériques $A \equiv 0$, $A' \equiv 0$, la décomposition en facteurs, difficile pour les grands nombres, n'a pas besoin d'être opérée sur A ni sur A', mais bien seulement sur leur plus grand commun diviseur D, la condition $D \equiv 0$ étant la conséquence des deux premières.

Nous passons aux applications.

Premier cas, $\varphi = 7$. On trouve, dans la seconde série, $\varepsilon^6 + 10\varepsilon \equiv \varepsilon^2 + 1$; et l'on a, dans la première, $\varepsilon + \varepsilon^6 \equiv -\varepsilon^5$ ou $\varepsilon^2 + 1 \equiv -\varepsilon^6$. L'élimination de ε^2 donne $\varepsilon^6 + 5\varepsilon \equiv 0$ ou $1 + 5\varepsilon^2 \equiv 0$. Éliminant de nouveau ε^2, nous obtenons $5\varepsilon^6 \equiv -4$, et, par suite, $25\varepsilon \equiv 4$; de sorte qu'en multipliant entre eux les deux derniers résultats, on arrive à $141 \equiv 0$. Or 141, qui est égal à 3.47, ne contient aucun facteur *premier* de la forme $2k\varphi n + 1$ pour $\varphi = 7$. On pourrait encore de $5\varepsilon^2 \equiv -1$ déduire $125\varepsilon^6 \equiv -1$, qui, combiné avec $5\varepsilon^6 \equiv -4$, donne $99 \equiv 0$.

Deuxième cas, $\varphi = 11$. On trouve, dans la première série, $\varepsilon^8 + 21\varepsilon^3 \equiv \varepsilon^6 - 6$, et, dans la seconde, $\varepsilon^3 + 4\varepsilon^8 \equiv -\varepsilon^5 - 3$ ou $\varepsilon^6 + 4 \equiv -\varepsilon^8 - 3\varepsilon^3$. L'élimination de ε^8 donne $9\varepsilon^3 \equiv \varepsilon^6 - 1$ ou $\varepsilon^3 - \varepsilon^8 \equiv 9$; celle de ε^6 conduit à $\varepsilon^8 + 12\varepsilon^3 \equiv -5$: on obtiendra donc, par l'élimination successive de ε^3 et de ε^8 entre les deux derniers résultats, $13\varepsilon^8 \equiv -113$, $13\varepsilon^3 \equiv 4$, et, par conséquent, $621 \equiv 0$. Or 621, qui est égal à 3.3.3.23, ne contient qu'un seul facteur *premier* de la forme $2k\varphi n + 1$ pour $\varphi = 11$, savoir 23, dans l'hypothèse de $n = 1$.

(*) Il n'est même pas nécessaire d'éliminer complétement ε entre les relations des séries; il suffit d'éliminer deux des trois puissances de ε, ou seulement celle du second membre. Dans le premier cas, on obtient une relation de la forme $a\varepsilon^u \equiv b$, qui donne aussitôt $a^\varphi \equiv b^\varphi$; et, dans le second, on trouve une relation de la forme $a\varepsilon^u + b\varepsilon^{-u} \equiv e$, d'où l'on déduit $a^\varphi + b^\varphi \equiv E$ en formant la puissance φ du binôme d'après les méthodes exposées. Malheureusement ces procédés, quoique très-simples, conduisent le plus souvent à des nombres considérables.

Troisième cas, $\varphi = 13$. Combinons $\varepsilon^{12} + 98\varepsilon \equiv \varepsilon^2 - 19$ de la seconde série avec $\varepsilon + \varepsilon^{12} \equiv - \varepsilon^{11}$ ou $\varepsilon^2 + 1 \equiv - \varepsilon^{12}$ de la première. Si on élimine ε^2, on trouve $\varepsilon^{12} + 49\varepsilon \equiv - 10$; et, si on élimine ε^{12}, on obtient $49\varepsilon \equiv \varepsilon^2 - 9$ ou $49 \equiv \varepsilon - 9\varepsilon^{12}$. Ces deux résultats conduisent, par l'élimination successive de ε^{12} et de ε, aux relations $442\varepsilon \equiv -41$, $442\varepsilon^{12} \equiv -2411$ lesquelles, multipliées entre elles, donnent $96513 \equiv 0$. Or 96513, qui est égal à $3.53.607$, ne contient aucun facteur *premier* de la forme $2k\varphi n + 1$ pour $\varphi = 13$, si ce n'est 53, dans le cas de $n = 1$ et dans celui de $n = 2$. En effet $53 = 2.2.13 + 1$, et $607 = 2.3.101 + 1$.

Quatrième cas, $\varphi = 17$. On trouve, dans la première série, $\varepsilon^{16} + 453\varepsilon \equiv \varepsilon^2 - 6$, et $\varepsilon + \varepsilon^{16} \equiv - \varepsilon^{15}$ ou $\varepsilon^2 + 1 \equiv - \varepsilon^{16}$. Si on élimine ε^2, on obtient $2\varepsilon^{16} + 453\varepsilon \equiv -7$; et, si on élimine ε^{16}, on a $453\varepsilon \equiv 2\varepsilon^2 - 5$ ou $453 \equiv 2\varepsilon - 5\varepsilon^{16}$. Il reste à éliminer ε^{16}, puis ε, ce qui donne $2269\varepsilon \equiv 871$, $2269\varepsilon^{16} \equiv -205223$. En conséquence on trouve, après avoir multiplié membre à membre et réduit, $183897594 \equiv 0$. Mais ce dernier nombre, qui est égal à $2.3.3.3.239.14249$, n'admet d'autre facteur *premier* de la forme $2k\varphi n + 1$, pour $\varphi = 17$, que 239 dont la valeur est $2.7.17 + 1$, attendu que $14249 = 2.2.2.13.137 + 1$. Ainsi, dans les cas particuliers de $n = 1$ et de $n = 7$, un seul facteur θ échapperait à l'analyse (*).

Cinquième cas, $\varphi = 19$. La première série donne $\varepsilon^{16} + 453\varepsilon^3 \equiv \varepsilon^6 - 6$, et la seconde $\varepsilon^3 + 4\varepsilon^{16} \equiv - \varepsilon^{13} - 3$ ou $\varepsilon^6 + 4 \equiv - \varepsilon^{16} - 3\varepsilon^3$. Éliminant ε^6, nous obtenons $\varepsilon^{16} + 228\varepsilon^3 \equiv -5$; puis l'élimination de ε^{16} fait trouver $225\varepsilon^3 \equiv \varepsilon^6 - 1$ ou $225 \equiv \varepsilon^3 - \varepsilon^{16}$. Faisant alors disparaître successivement ε^{16} et ε^3 entre les deux dernières relations, on trouve $229\varepsilon^3 \equiv 220$, $229\varepsilon^{16} \equiv -51305$, de sorte qu'en multipliant ces résultats entre eux membre à membre, on arrive à $11339541 \equiv 0$. Or ce nombre, qui est égal à $3.3.3.457.919$, ne saurait avoir de diviseur *premier* de la forme $2k\varphi n + 1$ que si on suppose $n = 1$, $n = 2$, ou $n = 3$; encore, dans cha-

(*) Voir la note sixième, page 26.

cun de ces cas, le seul facteur 457 resterait excepté. On a, en effet, $919 = 2.3.3.3.17+1$, et $457 = 2.2.2.3.19+1$.

QUATRIÈME PRINCIPE.

Impossibilité de la relation $1+\varepsilon \equiv \varepsilon^z$ pour $z=3$, $z=\varphi-2$, $z=\frac{m\varphi+1}{3}$, $z=\frac{m\varphi+2}{3}$, $z=\frac{\varphi-1}{2}$, $z=\frac{\varphi+3}{2}$.

D'après le quatrième principe du premier livre, pages 9 et 13, tous ces cas se réduisent à un seul, celui de $z=3$, valeur qu'il faut essayer dans les trois relations

$$1+\varepsilon-\varepsilon^z \equiv 0, \quad 1-\varepsilon+\varepsilon^z \equiv 0, \quad -1+\varepsilon+\varepsilon^z \equiv 0.$$

En y faisant $z=3$, et en divisant par ε^2, on met ces relations sous la forme

$$-\varepsilon+\varepsilon^{-1} \equiv -\varepsilon^{-2}, \quad \varepsilon-\varepsilon^{-1} \equiv -\varepsilon^{-2}, \quad \varepsilon+\varepsilon^{-1} \equiv \varepsilon^{-2}.$$

Chacune d'elles donnera lieu à deux séries que l'on formera comme les précédentes. La méthode étant la même, nous passons immédiatement à l'application pour les premières valeurs de φ, à partir de $\varphi=7$, eu égard à l'observation faite au principe troisième du premier livre, page 13, et déjà rappelée au commencement du principe précédent.

Premièrement. Impossibilité de la relation $-\varepsilon^1+\varepsilon^{-1} \equiv -\varepsilon^{-2}$ pour $\varphi=7$, $\varphi=11$, $\varphi=13$, $\varphi=17$, $\varphi=19$.

Les deux séries auxquelles conduit $-\varepsilon^1+\varepsilon^{-1} \equiv -\varepsilon^{-2}$ sont :

$$\begin{array}{ll}
\varepsilon^2+\varepsilon^{-2} \equiv \varepsilon^{-4}+2, & \varepsilon^3+2\varepsilon^{-3} \equiv \varepsilon^{-6}+3,\ (*) \\
\varepsilon^4-3\varepsilon^{-4} \equiv \varepsilon^{-8}+2, & \varepsilon^6-2\varepsilon^{-6} \equiv \varepsilon^{-12}+5, \\
\varepsilon^8+5\varepsilon^{-8} \equiv \varepsilon^{-16}+10, & \varepsilon^{12}-6\varepsilon^{-12} \equiv \varepsilon^{-24}+29, \\
\varepsilon^{16}+5\varepsilon^{-16} \equiv \varepsilon^{-32}+90, & \varepsilon^{24}-22\varepsilon^{-24} \equiv \varepsilon^{-48}+853, \\
\ldots\ldots & \ldots\ldots
\end{array}$$

(*) On a vu précédemment, page 10, comment la relation $\varepsilon^3+4\varepsilon^{-3} \equiv -\varepsilon^{-6}-3$ a été déduite de $\varepsilon^1+\varepsilon^{-1} \equiv -\varepsilon^{-2}$. Le procédé est général.

Premier cas, $\varphi = 7$. On trouve, dans la première serie, $\varepsilon + 5\varepsilon^6 \equiv \varepsilon^5 + 10$, et on a $\varepsilon - \varepsilon^6 \equiv \varepsilon^5$. Ces relations donnent immédiatement $3\varepsilon^6 \equiv 5$ ou $3\varepsilon^5 \equiv 5\varepsilon^6$. Éliminant de nouveau ε^5, on a $3\varepsilon \equiv 8\varepsilon^6$, et, par suite, $9\varepsilon \equiv 40$: on en conclut $173 \equiv 0$. Or 173, qui est *premier*, est égal à $2.2.43 + 1$, et ne saurait être de la forme $2k\varphi n + 1$ pour $\varphi = 7$.

Deuxième cas, $\varphi = 11$. Si on combine $\varepsilon^8 + 5\varepsilon^3 \equiv \varepsilon^6 + 10$ de la première série avec $\varepsilon^3 + 2\varepsilon^8 \equiv \varepsilon^5 + 3$ ou $\varepsilon^6 + 2 \equiv \varepsilon^8 + 3\varepsilon^3$ de la seconde, on trouve aussitôt $\varepsilon^3 \equiv 4$ ou $\varepsilon^6 \equiv 4\varepsilon^3$. Éliminant alors ε^6, nous obtenons $2 + \varepsilon^3 \equiv \varepsilon^8$, et, par conséquent, $\varepsilon^8 \equiv 6$: on arrive donc à $23 \equiv 0$. Or 23, qui est égal à $2.11 + 1$, ne saurait être de la forme $2k\varphi n + 1$ pour $\varphi = 11$, si ce n'est dans le cas de $n = 1$.

Troisième cas, $\varphi = 13$. On voit, dans la seconde série, $\varepsilon^{12} - 6\varepsilon \equiv \varepsilon^2 + 29$, et l'on a $\varepsilon - \varepsilon^{12} \equiv \varepsilon^{11}$ ou $\varepsilon^2 - 1 \equiv \varepsilon^{12}$. On en déduit facilement $\varepsilon \equiv -5$ ou $\varepsilon^2 \equiv -5\varepsilon$. Éliminant de nouveau ε^2, nous obtenons $\varepsilon^{12} \equiv 24$, et, par conséquent, $121 \equiv 0$. Mais 121, qui est égal à 11.11, n'a aucun diviseur *premier* de la forme $2k\varphi n + 1$ pour $\varphi = 13$.

Quatrième cas, $\varphi = 17$. La première série donne $\varepsilon^{16} + 5\varepsilon \equiv \varepsilon^2 + 90$, et l'on a $\varepsilon - \varepsilon^{16} \equiv \varepsilon^{15}$ ou $\varepsilon^2 - 1 \equiv \varepsilon^{16}$. On obtient, sans difficulté, $5\varepsilon \equiv 91$ ou $5\varepsilon^2 \equiv 91\varepsilon$. Il en résulte $91\varepsilon \equiv 5\varepsilon^{16} + 5$, puis $25\varepsilon^{16} \equiv 8256$, et enfin $751171 \equiv 0$. Mais ce dernier nombre, qui est égal à 137.5483, ne contient aucun facteur *premier* de la forme $2k\varphi n + 1$ dans le cas de $\varphi = 17$, à l'exception de 137 pour $n = 1$ ou $n = 2$, puisque $137 = 2.2.2.17 + 1$, et que 5483, qui est *premier*, est égal à $2.2741 + 1$.

Cinquième cas, $\varphi = 19$. On a $\varepsilon^{16} + 5\varepsilon^3 \equiv \varepsilon^6 + 90$, et $\varepsilon^3 + 2\varepsilon^{16} \equiv \varepsilon^{13} + 3$ ou $\varepsilon^6 + 2 \equiv \varepsilon^{16} + 3\varepsilon^3$: donc $\varepsilon^3 \equiv 44$ ou $\varepsilon^6 \equiv 44\varepsilon^3$, et, par suite, $\varepsilon^{16} \equiv 41\varepsilon^3 + 2$, $\varepsilon^{16} \equiv 1806$. En conséquence on trouvera $79463 \equiv 0$. Mais 79463, qui est égal à 229.347, ne saurait être divisible par aucun facteur *premier* de la forme $2k\varphi n + 1$ pour $\varphi = 19$, que si on suppose $n = 1$, $n = 2$ ou $n = 3$; et, pour chacun de ces cas, il n'y aurait que le facteur 229 qui ferait exception au principe : on a, en effet, $229 = 2.2.3.19 + 1$, et $347 = 2.173 + 1$.

Secondement. Impossibilité de la deuxième relation $\varepsilon^{1} - \varepsilon^{-1} \equiv - \varepsilon^{-2}$ pour $\varphi = 7$, $\varphi = 11$, $\varphi = 13$, $\varphi = 17$, $\varphi = 19$.

Les séries auxquelles conduit $\varepsilon^{1} - \varepsilon^{-1} \equiv - \varepsilon^{-2}$, sont :

$\varepsilon^{2} + \varepsilon^{-2} \equiv \varepsilon^{-4} + 2,$	$\varepsilon^{3} + 2\varepsilon^{-3} \equiv - \varepsilon^{-6} - 3,$
$\varepsilon^{4} - 3\varepsilon^{-4} \equiv \varepsilon^{-8} + 2,$	$\varepsilon^{6} - 2\varepsilon^{-6} \equiv \varepsilon^{-12} + 5,$
$\varepsilon^{8} + 5\varepsilon^{-8} \equiv \varepsilon^{-16} + 10,$	$\varepsilon^{12} - 6\varepsilon^{-12} \equiv \varepsilon^{-24} + 29,$
$\varepsilon^{16} + 5\varepsilon^{-16} \equiv \varepsilon^{-32} + 90,$	$\varepsilon^{24} - 22\varepsilon^{-24} \equiv \varepsilon^{-48} + 853,$
....	....

Premier cas, $\varphi = 7$. Combinons $\varepsilon^{6} - 2\varepsilon \equiv \varepsilon^{2} + 5$ de la seconde série avec $\varepsilon - \varepsilon^{6} \equiv - \varepsilon^{5}$ ou $\varepsilon^{2} - 1 \equiv - \varepsilon^{6}$. L'élimination de ε^{2} donne $\varepsilon^{6} - \varepsilon \equiv 3$ ou $1 - \varepsilon^{2} \equiv 3\varepsilon$; éliminant de nouveau ε^{2}, on trouve $3\varepsilon \equiv \varepsilon^{6}$: donc $2\varepsilon \equiv 3$, $2\varepsilon^{6} \equiv 9$, et, par suite, $23 \equiv 0$, condition absurde pour $\varphi = 7$, puisque $23 = 2.11 + 1$.

Deuxième cas, $\varphi = 11$. On trouve, dans les séries, $\varepsilon^{8} + 5\varepsilon^{3} \equiv \varepsilon^{6} + 10$, puis $\varepsilon^{3} + 2\varepsilon^{8} \equiv - \varepsilon^{5} - 3$ ou $\varepsilon^{6} + 2 \equiv - \varepsilon^{8} - 3\varepsilon^{3}$; on en déduit $\varepsilon^{8} + 4\varepsilon^{3} \equiv 4$ ou $1 + 4\varepsilon^{6} \equiv 4\varepsilon^{3}$. Éliminant ε^{6}, puis ε^{8}, on trouve $23 \equiv 0$, résultat impossible pour $\varphi = 11$, si ce n'est dans l'hypothèse de $n = 1$.

Troisième cas, $\varphi = 13$. Il suffit de combiner $\varepsilon^{12} - 6\varepsilon \equiv \varepsilon^{2} + 29$ avec $\varepsilon - \varepsilon^{12} \equiv - \varepsilon^{11}$ qui est la même chose que $\varepsilon^{2} - 1 \equiv - \varepsilon^{12}$. On trouve, en effet, par l'élimination de ε^{2}, $\varepsilon^{12} - 3\varepsilon \equiv 15$ ou $1 - 3\varepsilon^{2} \equiv 15\varepsilon$. Éliminant de nouveau ε^{2}, on obtient $3\varepsilon^{12} - 2 \equiv 15\varepsilon$; et, faisant disparaître alors successivement ε^{12} et ε, on arrive à $6\varepsilon \equiv 43$ et à $2\varepsilon^{12} \equiv 73$, d'où l'on conclut définitivement $3127 \equiv 0$. Or 3127, qui est égal à 53.59, n'a d'autre diviseur θ, pour $\varphi = 13$, que 53 dans le cas de $n = 1$, ou dans celui de $n = 2$; puisque $53 = 2.2.13 + 1$, et que $59 = 2.29 + 1$.

Quatrième cas, $\varphi = 17$. De $\varepsilon^{16} + 5\varepsilon \equiv \varepsilon^{2} + 90$ avec $\varepsilon - \varepsilon^{16} \equiv - \varepsilon^{15}$ ou $\varepsilon^{2} - 1 \equiv - \varepsilon^{16}$, on déduit $2\varepsilon^{16} + 5\varepsilon \equiv 91$ ou $2 + 5\varepsilon^{2} \equiv 91\varepsilon$. On trouve ensuite $7 - 5\varepsilon^{16} \equiv 91\varepsilon$, puis $157\varepsilon \equiv -441$ et $157\varepsilon^{16} \equiv 8246$, d'où l'on déduit enfin $3661135 \equiv 0$. Or $3661135 = 5.103.7109$: ce nombre ne contient donc qu'un seul facteur *premier* de la forme $2k\varphi n + 1$ pour $\varphi = 17$, savoir 103, dans les cas de $n = 1$ et de $n = 3$, puisque $7109 = 2.2.1777 + 1$ et que $103 = 2.3.17 + 1$.

Cinquième cas, $\varphi = 19$. Combinons $\varepsilon^{16} + 5\varepsilon^3 \equiv \varepsilon^6 + 90$ avec $\varepsilon^3 + 2\varepsilon^{16} \equiv -\varepsilon^{13} - 3$ ou $\varepsilon^6 + 2 \equiv -\varepsilon^{16} - 3\varepsilon^3$; nous trouvons, en éliminant ε^6, $\varepsilon^{16} + 4\varepsilon^3 \equiv 44$; et, si l'on fait disparaître ε^{16}, on obtient $\varepsilon^3 \equiv \varepsilon^6 + 46$ ou $1 \equiv \varepsilon^3 + 46\varepsilon^{16}$: donc $183\varepsilon^{16} \equiv -40$, et, par suite, $183\varepsilon^3 \equiv 2023$. En conséquence on arrivera à $114409 \equiv 0$. Mais 114409, qui est égal à 191.599, ne contient, pour $\varphi = 19$, qu'un seul facteur θ, savoir 191, dans les cas de $n = 1$ et de $n = 5$. On a, en effet, $191 = 2.5.19 + 1$, et $599 = 2.13.23 + 1$.

Troisièmement. Impossibilité de la relation $\varepsilon^1 + \varepsilon^{-1} \equiv \varepsilon^{-2}$ pour $\varphi = 7$, $\varphi = 11$, $\varphi = 13$, $\varphi = 17$, $\varphi = 19$.

Les séries, auxquelles conduit la relation $\varepsilon^1 + \varepsilon^{-1} \equiv \varepsilon^{-2}$, sont :

$$\begin{array}{ll}
\varepsilon^2 + \varepsilon^{-2} \equiv \varepsilon^{-4} - 2, & \varepsilon^3 + 4\varepsilon^{-3} \equiv \varepsilon^{-6} + 3, \\
\varepsilon^4 + 5\varepsilon^{-4} \equiv \varepsilon^{-8} + 2, & \varepsilon^6 + 10\varepsilon^{-6} \equiv \varepsilon^{-12} + 1, \\
\varepsilon^8 + 21\varepsilon^{-8} \equiv \varepsilon^{-16} - 6, & \varepsilon^{12} + 98\varepsilon^{-12} \equiv \varepsilon^{-24} - 19, \\
\varepsilon^{16} + 453\varepsilon^{-16} \equiv \varepsilon^{-32} - 6, & \ldots\ldots\ldots\ldots \\
\ldots\ldots\ldots\ldots & \ldots\ldots\ldots\ldots
\end{array}$$

Premier cas, $\varphi = 7$. La relation $\varepsilon^4 + 5\varepsilon^3 \equiv \varepsilon^6 + 2$, combinée avec $\varepsilon^3 + 4\varepsilon^4 \equiv \varepsilon + 3$ ou $\varepsilon^6 + 4 \equiv \varepsilon^4 + 3\varepsilon^3$, donne $\varepsilon^3 \equiv -1$, et conduit, par conséquent, à $2 \equiv 0$.

Deuxième cas, $\varphi = 11$. On a $\varepsilon^8 + 21\varepsilon^3 \equiv \varepsilon^6 - 6$, $\varepsilon^3 + 4\varepsilon^8 \equiv \varepsilon^5 + 3$ ou $\varepsilon^6 + 4 \equiv \varepsilon^8 + 3\varepsilon^3$: on aura donc $9\varepsilon^3 \equiv -5$ ou $9\varepsilon^6 \equiv -5\varepsilon^3$. On en déduira, par l'élimination de ε^6 et de ε^3, $81\varepsilon^8 \equiv 484$; et, par suite, $3149 \equiv 0$. Mais $3149 = 47.67$: donc ce nombre ne serait divisible que par un seul facteur θ, dans le cas de $\varphi = 11$, savoir 67, pour $n = 1$ et pour $n = 3$, puisque $67 = 2.3.11 + 1$ et que $47 = 2.23 + 1$.

Troisième cas, $\varphi = 13$. Combinez $\varepsilon^{12} + 98\varepsilon \equiv \varepsilon^2 - 19$ avec $\varepsilon + \varepsilon^{12} \equiv \varepsilon^{11}$ ou $\varepsilon^2 + 1 \equiv \varepsilon^{12}$; vous obtenez $49\varepsilon \equiv -10$ ou $49\varepsilon^2 \equiv -10\varepsilon$. L'élimination de ε^2 donnera $2401\varepsilon^{12} \equiv 2501$. En conséquence on arrivera à la condition $142659 \equiv 0$. Mais 142659, qui est égal à $3.3.11.11.131$, n'a d'autre diviseur θ, pour $\varphi = 13$, que 131, dans le cas de $n = 1$ et dans celui de $n = 5$, puisque $131 = 2.5.13 + 1$.

Quatrième cas, $\varphi = 17$. En comparant $\varepsilon^{16} + 453\varepsilon \equiv \varepsilon^2 - 6$ avec $\varepsilon + \varepsilon^{16} \equiv \varepsilon^{15}$ ou $\varepsilon^2 + 1 \equiv \varepsilon^{16}$, on trouve $453\varepsilon \equiv -7$ ou $453\varepsilon^2 \equiv -7\varepsilon$, puis $453\varepsilon^{16} \equiv -7\varepsilon + 453$. On en conclura donc $205209\varepsilon^{16} \equiv 205258$, et, par suite, $94396483 \equiv 0$. Or ce dernier nombre, qui est égal à $613 . 153991$, ne contient qu'un seul facteur θ pour $\varphi = 17$, savoir 613, dans les cas de $n = 1$, $n = 2$, $n = 3$. En effet, $613 = 2.2.3.3.17 + 1$ et $153991 = 2.3.3.5.29.59 + 1$ (*).

Cinquième cas, $\varphi = 19$. On trouve $\varepsilon^{16} + 453\varepsilon^3 \equiv \varepsilon^6 - 6$, $\varepsilon^3 + 4\varepsilon^{16} \equiv \varepsilon^{13} + 3$ ou $\varepsilon^6 + 4 \equiv \varepsilon^{16} + 3\varepsilon^3$. On en déduit $45\varepsilon^3 \equiv -1$ ou $45\varepsilon^6 \equiv -\varepsilon^3$, puis $136\varepsilon^3 + 45\varepsilon^{16} \equiv 180$, et, par suite, $2025\varepsilon^{16} \equiv 8236$ d'où $99361 \equiv 0$. Mais 99361, qui est égal à $67 . 1483$, n'a pour $\varphi = 19$ qu'un seul diviseur *premier* de la forme $2k\varphi n + 1$, savoir 1483, puisque $67 = 2.3.11 + 1$. Cette exception n'aurait lieu que dans les hypothèses particulières $n = 1$, $n = 3$, $n = 13$, attendu que ce nombre 1483 est égal à $2.3.13.19 + 1$.

OBSERVATIONS SUR LE SECOND LIVRE.

Les principes contenus dans ce second livre résultent de méthodes générales dont l'application est toujours possible, et les facteurs θ, qu'elles n'atteignent pas, sont en nombre limité pour chaque valeur de φ. Ces facteurs ne concernent d'ailleurs que certaines valeurs particulières de n. Les théorèmes se trouvent donc démontrés généralement, ainsi que la possibilité de réduire les formes $\varepsilon^x + \varepsilon^y + \varepsilon^z \equiv 0$, $\varepsilon^x + \varepsilon^y \equiv \varepsilon^z$ aux formes $1 + \varepsilon + \varepsilon^2 \equiv 0$, $1 + \varepsilon \equiv \varepsilon^2$. Nous donnons ci-contre, pour les valeurs de φ jusqu'à 19 inclusivement, et pour n plus grand que 3, le tableau des facteurs θ qui échappent à notre analyse.

Nous avons laissé au lecteur le soin de vérifier les nombres *premiers* que nous avons déclarés tels dans l'exposition des trois derniers prin-

(*) Voir la note septième, page 26.

cipes. Mais, comme, à l'exception de 14249 et de 153991, tous ces nombres (*) sont inférieurs à 10000, on pourra consulter la table que nous venons de publier, où l'on trouve les nombres *premiers* de 1 à 10000, avec des procédés de vérification simples et rapides. Quant aux deux nombres 14249 et 153991, qui excèdent les limites de cette table, les deux dernières notes de ce mémoire dispensent, au besoin, de la considération de ces nombres.

TABLEAU

des facteurs θ qui, pour n plus grand que 3, et jusqu'à $\varphi = 19$ inclusivement, échappent aux démonstrations données pour les principes du second livre.

n	φ	θ	k	PRINCIPES.	n	φ	θ	k	PRINCIPES.
5	13	131	1	4	7	17	3571	15	2
5	13	521	4	2	7	19	174763	657	1
5	13	2731	21	1	7	19	524287	1971	1
5	13	8191	63	1	13	19	1483	3	4
5	17	3571	21	2	31	11	683	1	1
5	17	43691	257	1	41	19	9349	6	2
5	17	131071	771	1	73	19	174763	63	1
5	19	191	1	4	73	19	524287	189	1
7	13	2731	15	1	257	17	43691	5	1
7	13	8191	45	1	257	17	131071	15	1
7	17	239	1	3					

(*) Ces nombres sont peu nombreux; nous les résumons plus loin, note huitième, page 27,

NOTES DU QUATRIÈME MÉMOIRE.

Première note (*). L'impossibilité de $2^{\varphi} \equiv \pm 1$, relativement à θ, est subordonnée à cette condition unique que le résidu de $2^{2\varphi}$ soit différent de 1, ce qui, du reste, arrivera toujours pour les facteurs θ plus grands que $2^{\varphi} + 1$. Voici, pour le cas où θ n'atteint pas cette limite, une règle fort simple qui réussit à déterminer une classe indéfinie de valeurs relativement auxquelles la condition $2^{2\varphi} \equiv 1$ est impossible.

Nous avons rappelé, dans notre troisième mémoire, le théorème qui sert à faire connaître, relativement à θ, le résidu de $2^{\frac{\theta - 1}{2}}$. Ce résidu de $2^{k\varphi n}$, puisque $\theta = 2k\varphi n + 1$, est 1 si θ est de la forme $8p \pm 1$, et -1 si θ est de la forme $8p \pm 3$. Si donc θ est de cette dernière forme, et que k soit pair, il est clair que, -1 étant le résidu de $2^{k\varphi n}$, on ne saurait avoir ni $2^{\varphi} \equiv 1$ ni $2^{\varphi} \equiv -1$. Or, si on pose $2k\varphi n + 1 = 8p - 3$, d'où $k\varphi n = 4p - 2$, on reconnaît que k est nécessairement double d'un impair. En conséquence, toutes les fois que θ sera, pour des valeurs déterminées de φ et de n, de la forme $4k'\varphi n + 1$, avec la condition de k' impair, on sera certain de l'impossibilité de $2^{2\varphi} \equiv 1$, relativement à θ.

Ainsi, pour $\theta = 4093$ dans le cas de $\varphi = 31$ et de $n = 11$, la condition $2^{2\varphi} \equiv 1$ est absurde. Elle le serait de même pour $\theta = 7541$, dans le cas de $\varphi = 29$ et de $n = 13$, etc.... En effet, $4093 = 2.2.3.11.31 + 1$, $7541 = 2.2.5.13.29 + 1$,..., et ces nombres sont de la forme $8p - 3$.

Deuxième note (**). On peut généraliser comme il suit : Si a et b sont

(*) Voir à la page 5.

(**) Voir à la page 6.

3.

premiers entre eux, $\frac{a^n + b^n}{a + b} - 1$ et $\frac{a^n - b^n}{a - b} - 1$ sont divisibles par n, pourvu que n soit un nombre *premier* qui ne divise ni $a + b$ ni $a - b$. Les nombres compris dans ces formules ne pourront avoir d'autres diviseurs communs que ceux de $2a(a^{n-1} - 1)$ et de $2b(b^{n-1} - 1)$, formes qui aideront à faire découvrir ces diviseurs. Ce principe général résulte de la double égalité

$$\frac{a^n + b^n}{a + b} - 1 = \frac{(a^{n-1} - 1)a + (b^{n-1} - 1)b}{a + b},$$

$$\frac{a^n - b^n}{a - b} - 1 = \frac{(a^{n-1} - 1)a - (b^{n-1} - 1)b}{a - b}.$$

En effet, en multipliant le premier de ces deux nombres par $a + b$ et le second par $a - b$, on ne supprime aucun de leurs facteurs communs. Or les facteurs communs aux deux nombres $(a^{n-1} - 1)a + (b^{n-1} - 1)b$, $(a^{n-1} - 1)a - (b^{n-1} - 1)b$, que nous désignerons par $A + B$ et $A - B$, le sont à $2A$ et à $2B$, et réciproquement ceux communs à A et à B le sont à $A + B$ et à $A - B$, de sorte que, si D est le plus grand commun diviseur des nombres A et B, D ou $2D$ sera celui de $A + B$ et de $A - B$ (*), et contiendra par conséquent tous les facteurs communs aux deux nombres proposés $\frac{a^n + b^n}{a + b} - 1$, $\frac{a^n - b^n}{a - b} - 1$, plus les facteurs communs provenant de la multiplication du premier par $a + b$ et du second par $a - b$.

Pour aller plus loin sur cette question délicate, nous dirons que les facteurs communs, introduits par la multiplication, ne peuvent se trouver que parmi ceux de $a^{n-1} - 1$ et de $b^{n-1} - 1$ (**). En effet les nombres a et b, que nous supposons *premiers* entre eux, sont par cela même *premiers* avec $a + b$ et $a - b$; de sorte que, si on les supprime dans les expressions $(a^{n-1} - 1)a$ et $(b^{n-1} - 1)b$, cette suppression n'entraîne

---

(*) Ce sera $2D$ toutes les fois que A et B seront multiples de nombres impairs par une même puissance de 2.

(**) Ces facteurs communs aux deux binômes $a^{n-1} - 1$, $b^{n-1} - 1$ sont compris dans $(ab)^{n-1} - 1$, comme le démontre l'identité

$$(ab)^{n-1} - 1 = (a^{n-1} - 1)\, b^{n-1} + b^{n-1} - 1.$$

avec elle la disparition d'aucun facteur introduit. Cela posé, les facteurs communs à $a+b$ et à $b^{n-1}-1$ ou $ab^{n-1}-a$, divisent $ab^{n-2}+1$, puis $a^2b^{n-3}-1, \ldots$, et $(ab)^{\frac{n-1}{2}}-1$ ou $(ab)^{\frac{n-1}{2}}+1$, suivant que $\frac{n-1}{2}$ est pair ou impair. La conclusion est la même pour les facteurs communs à $a+b$ et à $a^{n-1}-1$. On trouverait également que les facteurs communs à $a-b$ et à $b^{n-1}-1$ ou à $a^{n-1}-1$, divisent $(ab)^{\frac{n-1}{2}}-1$. Le principe inverse étant facile à établir, on pourra, pour obtenir les facteurs communs qui proviennent de la multiplication par $a+b$ et par $a-b$, chercher ceux qui divisent $a+b$ et $(ab)^{\frac{n-1}{2}}-1$ ou $(ab)^{\frac{n-1}{2}}+1$, suivant que $\frac{n-1}{2}$ est pair ou impair, et ceux qui divisent $a-b$ et $(ab)^{\frac{n-1}{2}}-1$ (*), Soit D′ le plus grand commun diviseur introduit; $\frac{D}{D'}$ ou $\frac{2D}{D'}$ sera celui des nombres proposés.

Considérons le cas particulier de $b=1$. La valeur de D sera $(a^{n-1}-1)a$; celle de D′ sera a^2-1 si a est pair, et $\frac{a^2-1}{2}$ si a est impair : donc les facteurs communs aux deux nombres $\frac{a^n+1}{a+1}-1$, $\frac{a^n-1}{a-1}-1$ seront ceux de $\frac{(a^{n-1}-1)a}{a^2-1}$ ou de $\frac{2(a^{n-1}-1)a}{a^2-1}$. C'est, du reste, ce qu'il est facile de vérifier, car les nombres proposés peuvent être mis sous la forme $\frac{(a^{n-1}-1)a}{a+1}$, $\frac{(a^{n-1}-1)a}{a-1}$, et il est clair que leur plus grand commun diviseur est $\frac{(a^{n-1}-1)a}{a^2-1}$ ou $\frac{2(a^{n-1}-1)a}{a^2-1}$, suivant que a est pair ou impair.

(*) Les deux principes direct et inverse résultent d'ailleurs des deux formes que l'on peut donner aux binômes $(ab)^{\frac{n-1}{2}}+1$ et $(ab)^{\frac{n-1}{2}}-1$, savoir :

$$\left(a^{\frac{n-1}{2}}+b^{\frac{n-1}{2}}\right)a^{\frac{n-1}{2}}-\left(a^{n-1}-1\right),\quad \left(a^{\frac{n-1}{2}}+b^{\frac{n-1}{2}}\right)b^{\frac{n-1}{2}}-\left(b^{n-1}-1\right);$$

$$-\left(a^{\frac{n-1}{2}}-b^{\frac{n-1}{2}}\right)a^{\frac{n-1}{2}}+\left(a^{n-1}-1\right),\quad \left(a^{\frac{n-1}{2}}-b^{\frac{n-1}{2}}\right)b^{\frac{n-1}{2}}+\left(b^{n-1}-1\right).$$

Troisième note (*). Pour former les diverses séries dont nous avons donné les expressions, il est nécessaire d'en connaître non-seulement l'*échelle de relation*, mais encore les deux premiers termes. On apercevra sans difficulté, dans chaque cas, les éléments dont on aura besoin. Les séries, que nous allons indiquer, n'exigent, pour se former, que l'un des éléments $\varepsilon^{u}+\varepsilon^{-u}$, $\varepsilon^{u}-\varepsilon^{-u}$, $\varepsilon^{2u}-\varepsilon^{-2u}$.

Avec la valeur numérique de $\varepsilon^{u}+\varepsilon^{-u}$, on pourra développer la première des séries (1) en la faisant commencer à $p=1$, et la première des séries (3) en la faisant commencer à $p=2$ ou à $p=3$. En effet, pour ces deux dernières hypothèses, $\varepsilon^{u}+\varepsilon^{-u}$ conduit directement à $\varepsilon^{2u}+\varepsilon^{-2u}$ et à $\varepsilon^{3u}+\varepsilon^{-3u}$.

La valeur numérique de $\varepsilon^{u}-\varepsilon^{-u}$ suffira pour former la première des séries (2) que l'on fera commencer à $p=1$, et la deuxième des séries (3) que l'on fera commencer à $p=3$. En effet, pour cette dernière série, $\varepsilon^{u}-\varepsilon^{-u}$ donne immédiatement $\varepsilon^{2u}+\varepsilon^{-2u}$ et $\varepsilon^{3u}-\varepsilon^{-3u}$.

Enfin, avec $\varepsilon^{2u}-\varepsilon^{-2u}$, on développera la première des séries (4) que l'on fera commencer à $p=2$.

Nous avons fait observer que, dans les séries (2) et (4), le second terme du binôme change de signe alternativement. On devra donc, dans la formation de chacune de ces quatre séries, prendre alternativement les deux suites de signes, en partant des signes supérieurs pour la première des séries (2) et la première des séries (4), et en partant des signes inférieurs pour la deuxième des séries (2) et la deuxième des séries (4).

Tout ce que nous avons dit, sur ce sujet, est applicable au cas où le binôme aurait des coefficients numériques a et b. On a, en effet, les mêmes identités, puisque généralement l'expression $a^{p+m}\varepsilon^{(p+m)u}\pm b^{p+m}\varepsilon^{-(p+m)u}$ est *identiquement* égale à chacune des deux expressions

$$(a^{p}\varepsilon^{pu}\pm b^{p}\varepsilon^{-pu})(a^{m}\varepsilon^{mu}+b^{m}\varepsilon^{-mu})-a^{m}b^{m}(a^{p-m}\varepsilon^{(p-m)u}\pm b^{p-m}\varepsilon^{-(p-m)u}),$$
$$(a^{p}\varepsilon^{pu}\mp b^{p}\varepsilon^{-pu})(a^{m}\varepsilon^{mu}-b^{m}\varepsilon^{-mu})+a^{m}b^{m}(a^{p-m}\varepsilon^{(p-m)u}\pm b^{p-m}\varepsilon^{-(p-m)u}),$$

Quatrième note (**). Il existe d'autres méthodes qui conduisent aux

(*) Voir à la page 8.
(**) Voir à la page 9.

mêmes résultats, et dont nous regretterions de ne pas conserver la trace.

1. Formons, avec la première des deux formules (3) de la page 8, les puissances paires de $\varepsilon^1 - \varepsilon^{-1} \equiv 1$; nous trouvons respectivement :

pour les puissances.... 2, 4, 6, 8, 10, 12, 14, 16, 18, 20...,
les résultats numériques 3, 7, 18, 47, 123, 322, 843, 2207, 5778, 15127...,

qui sont les valeurs du second membre.

Si maintenant on compare ces valeurs avec celles des puissances impaires de $\varepsilon^1 - \varepsilon^{-1} \equiv 1$ données à la page 8, on trouvera respectivement,

pour $\varphi = 5$, $\varphi = 7$, $\varphi = 11$, $\varphi = 13$, $\varphi = 17$, $\varphi = 19$,...

les résultats déjà obtenus

$$11 \equiv 0, \quad 29 \equiv 0, \quad 199 \equiv 0, \quad 521 \equiv 0, \quad 3571 \equiv 0, \quad 9349 \equiv 0, \ldots$$

à l'aide des calculs suivants que nous ne faisons qu'indiquer :

1° $\varepsilon^2 + \varepsilon^3 \equiv 3$, $\varepsilon^3 - \varepsilon^2 \equiv 4$: $2\varepsilon^3 \equiv 7$, $2\varepsilon^2 \equiv -1$, $4 \equiv -7$;
2° $\varepsilon^4 + \varepsilon^3 \equiv 7$, $\varepsilon^3 - \varepsilon^4 \equiv 4$: $2\varepsilon^3 \equiv 11$, $2\varepsilon^4 \equiv 3$, $4 \equiv 33$;
3° $\varepsilon^6 + \varepsilon^5 \equiv 18$, $\varepsilon^5 - \varepsilon^6 \equiv 11$: $2\varepsilon^5 \equiv 29$, $2\varepsilon^6 \equiv 7$, $4 \equiv 203$;
4° $\varepsilon^6 + \varepsilon^7 \equiv 18$, $\varepsilon^7 - \varepsilon^6 \equiv 29$: $2\varepsilon^7 \equiv 47$, $2\varepsilon^6 \equiv -11$, $4 \equiv -517$;
5° $\varepsilon^8 + \varepsilon^9 \equiv 47$, $\varepsilon^9 - \varepsilon^8 \equiv 76$: $2\varepsilon^9 \equiv 123$, $2\varepsilon^8 \equiv -29$, $4 \equiv -3567$;
6° $\varepsilon^{10} + \varepsilon^9 \equiv 123$, $\varepsilon^9 - \varepsilon^{10} \equiv 76$: $2\varepsilon^9 \equiv 199$, $2\varepsilon^{10} \equiv 47$, $4 \equiv 9353$;
....

2. Si on a formé les puissances impaires de $\varepsilon^1 - \varepsilon^{-1} \equiv 1$, on pourra combiner les résultats avec cette même relation, que l'on peut multiplier par $\varepsilon^{\frac{\varphi-1}{2}}$ et mettre sous la forme $\varepsilon^{\frac{\varphi+1}{2}} - \varepsilon^{\frac{\varphi-1}{2}} \equiv \varepsilon^{\frac{\varphi-3}{2}}$, de manière à obtenir ainsi $\varepsilon^{\frac{\varphi-3}{2}} \equiv e$; et, si on avait formé les puissances paires, on en combinerait les résultats avec la relation $\varepsilon^{\frac{\varphi-1}{2}} + \varepsilon^{\frac{\varphi+1}{2}} \equiv \varepsilon^{\frac{\varphi+3}{2}}$, déduite également de $\varepsilon^1 - \varepsilon^{-1} \equiv 1$ multiplié par $\varepsilon^{\frac{\varphi+1}{2}}$, pour en obtenir $\varepsilon^{\frac{\varphi+3}{2}} \equiv e$. Cette valeur numérique de $\varepsilon^{\frac{\varphi-3}{2}}$ ou celle de $\varepsilon^{\frac{\varphi+3}{2}}$ servira à déterminer les deux puissances dont on a besoin pour éliminer ε avec l'une des formes $1 + \varepsilon \equiv \varepsilon^2$, $\varepsilon^{\varphi-1} + 1 \equiv \varepsilon$, $\varepsilon^{\varphi-2} + \varepsilon^{\varphi-1} \equiv 1$ de la proposée.

On pourrait encore éliminer directement à l'aide des deux formes $\varepsilon^{\frac{\varphi+1}{2}} - \varepsilon^{\frac{\varphi-1}{2}} \equiv \varepsilon^{\frac{\varphi-3}{2}}$, $\varepsilon^{\frac{\varphi-1}{2}} + \varepsilon^{\frac{\varphi+1}{2}} \equiv \varepsilon^{\frac{\varphi+3}{2}}$ et de la valeur numérique e obtenue pour $\varepsilon^{\frac{\varphi-3}{2}}$ ou $\varepsilon^{\frac{\varphi+3}{2}}$. En effet, la première forme $\varepsilon^{\frac{\varphi+1}{2}} - \varepsilon^{\frac{\varphi-1}{2}} \equiv \varepsilon^{\frac{\varphi-3}{2}}$ ayant donné, avec les puissances impaires de $\varepsilon^1 - \varepsilon^{-1} \equiv 1$, la valeur e de $\varepsilon^{\frac{\varphi-3}{2}}$, on en déduit $e\varepsilon^{-\frac{\varphi-3}{2}} \equiv 1$ ou $e\varepsilon^{\frac{\varphi+3}{2}} \equiv 1$; la seconde forme donne alors $e\varepsilon^{\frac{\varphi-1}{2}} + e\varepsilon^{\frac{\varphi+1}{2}} \equiv 1$, de sorte qu'il reste à éliminer avec $\varepsilon^{\frac{\varphi+1}{2}} - \varepsilon^{\frac{\varphi-1}{2}} \equiv e$. S'il s'agit de $\varepsilon^{\frac{\varphi+3}{2}} \equiv e$, obtenu à l'aide de la seconde forme $\varepsilon^{\frac{\varphi-1}{2}} + \varepsilon^{\frac{\varphi+1}{2}} \equiv \varepsilon^{\frac{\varphi+3}{2}}$ et des puissances paires de $\varepsilon^1 - \varepsilon^{-1} \equiv 1$, on en déduira $e\varepsilon^{\frac{\varphi-3}{2}} \equiv 1$; et l'on aura, pour éliminer, les deux relations $e\varepsilon^{\frac{\varphi+1}{2}} - e\varepsilon^{\frac{\varphi-1}{2}} \equiv 1$, $\varepsilon^{\frac{\varphi-1}{2}} + \varepsilon^{\frac{\varphi+1}{9}} \equiv e$.

Mais il est plus commode de chercher le terme de la série qui contient la puissance de ε, dont on a obtenu la valeur numérique. Considérons, pour appliquer ce dernier mode d'élimination, le cas où l'on aurait formé les puissances impaires de $\varepsilon^1 - \varepsilon^{-1} \equiv 1$ (*); il suffira, pour obtenir les conditions numériques

$$11 \equiv 0, \quad 29 \equiv 0, \quad 199 \equiv 0, \quad 521 \equiv 0, \quad 3571 \equiv 0, \quad 9349 \equiv 0, \ldots$$

de multiplier entre elles les relations $\varepsilon^u \equiv e$, $\varepsilon^{\varphi - u} \equiv e'$, obtenues, comme il suit, pour chacune des valeurs de φ :

1° $\varepsilon^3 - \varepsilon^2 \equiv 4$, $\varepsilon^3 - \varepsilon^2 \equiv \varepsilon$: $\varepsilon \equiv 4$; mais $\varepsilon - \varepsilon^4 \equiv 1$: donc $\varepsilon^4 \equiv 3$;

2° $\varepsilon^3 - \varepsilon^4 \equiv 4$, $\varepsilon^4 - \varepsilon^3 \equiv \varepsilon^2$: $\varepsilon^2 \equiv -4$; mais $\varepsilon^5 - \varepsilon^2 \equiv 11$: donc $\varepsilon^5 \equiv 7$;

3° $\varepsilon^5 - \varepsilon^6 \equiv 11$, $\varepsilon^6 - \varepsilon^5 \equiv \varepsilon^4$: $\varepsilon^4 \equiv -11$; mais $\varepsilon^7 - \varepsilon^4 \equiv 29$: donc $\varepsilon^7 \equiv 18$;

4° $\varepsilon^7 - \varepsilon^6 \equiv 29$, $\varepsilon^7 - \varepsilon^6 \equiv \varepsilon^5$: $\varepsilon^5 \equiv 29$; mais $\varepsilon^5 - \varepsilon^8 \equiv 11$: donc $\varepsilon^8 \equiv 18$;

5° $\varepsilon^9 - \varepsilon^8 \equiv 76$, $\varepsilon^9 - \varepsilon^8 \equiv \varepsilon^7$: $\varepsilon^7 \equiv 76$; mais $\varepsilon^7 - \varepsilon^{10} \equiv 29$: donc $\varepsilon^{10} \equiv 47$;

6° $\varepsilon^9 - \varepsilon^{10} \equiv 76$, $\varepsilon^{10} - \varepsilon^9 \equiv \varepsilon^8$: $\varepsilon^8 \equiv -76$; mais $\varepsilon^{11} - \varepsilon^8 \equiv 199$: donc $\varepsilon^{11} \equiv 123$;

....

(*) Cette série a été donnée à la page 8.

3. Enfin, toute relation de la forme $\varepsilon^u \equiv e$ donnant $e^\varphi \equiv 1$, il est clair que cette condition peut servir à donner directement les seuls facteurs qui échappent à la démonstration, quand il en existe. Or, comme on vient de le voir, on peut obtenir deux valeurs de e, à l'aide de $\varepsilon^{\frac{\varphi-3}{2}}$ et de $\varepsilon^{\frac{\varphi+3}{2}}$. Mais, la décomposition en facteurs présentant des difficultés aussitôt que les nombres $e^\varphi - 1$ deviennent considérables, on peut démontrer l'impossibilité de $e^\varphi \equiv 1$ pour certaines valeurs de θ, sans qu'il soit nécessaire de diviser $e^\varphi - 1$ par ces valeurs. Supposons d'abord e positif; on cherchera, à l'aide du procédé de Legendre rappelé dans notre troisième mémoire, le résidu de $e^{k\varphi n}$ relativement à θ. Si ce résidu est -1, la condition $e^\varphi \equiv 1$ sera absurde. Supposons maintenant que e soit négatif; la condition numérique devient $e'^\varphi \equiv -1$: si donc le résidu de $e'^{k\varphi n}$ est -1 et que k soit pair, ou si le résidu est 1 et que k soit impair, l'impossibilité sera encore manifeste (*). On voit que, si φ et n sont donnés *à priori*, on pourra, en faisant varier k, chercher une suite de valeurs θ pour lesquelles la condition numérique est impossible.

Cinquième note (**). On déduit en effet de $a\varepsilon^u + b\varepsilon^{-u} \equiv c\varepsilon^{2u}$, par les mêmes moyens, $a'\varepsilon^{3u} + b'\varepsilon^{-3u} \equiv c'\varepsilon^{6u} + d'$; et, si on carre ces deux relations plusieurs fois de suite, on trouve des résultats de la forme

$$A\varepsilon^{2^k u} + B\varepsilon^{-2^k u} \equiv C\varepsilon^{2^k u} + D\,; \quad A'\varepsilon^{2^k.3u} + B'\varepsilon^{-2^k.3u} \equiv C'\varepsilon^{2^k.6u} + D'.$$

Les exposants dans le premier membre étant numériquement de la forme $2^k u$, $2^k.3u$, et se réduisant aux restes de leur division par φ, se reproduisent à partir de $2^h = m\varphi + 1$, si nous désignons par h la plus petite puissance de 2 pour laquelle 1 soit résidu; car les puissances de 2, divisées par φ, ne peuvent donner deux restes égaux, si l'une d'elles n'a déjà donné 1 pour reste. Ainsi, dans chaque série, la relation de l'ordre

(*) Ces deux cas se ramènent d'ailleurs l'un à l'autre : il suffira de poser $e \equiv -e'$ si e est positif, et $e \equiv e'$ si e est négatif.

(**) Voir à la page 10.

www.ingramcontent.com/pod-product-compliance
Ingram Content Group UK Ltd.
Pitfield, Milton Keynes, MK11 3LW, UK
UKHW021159230726
13926UKWH00001B/188

9 782014 431025